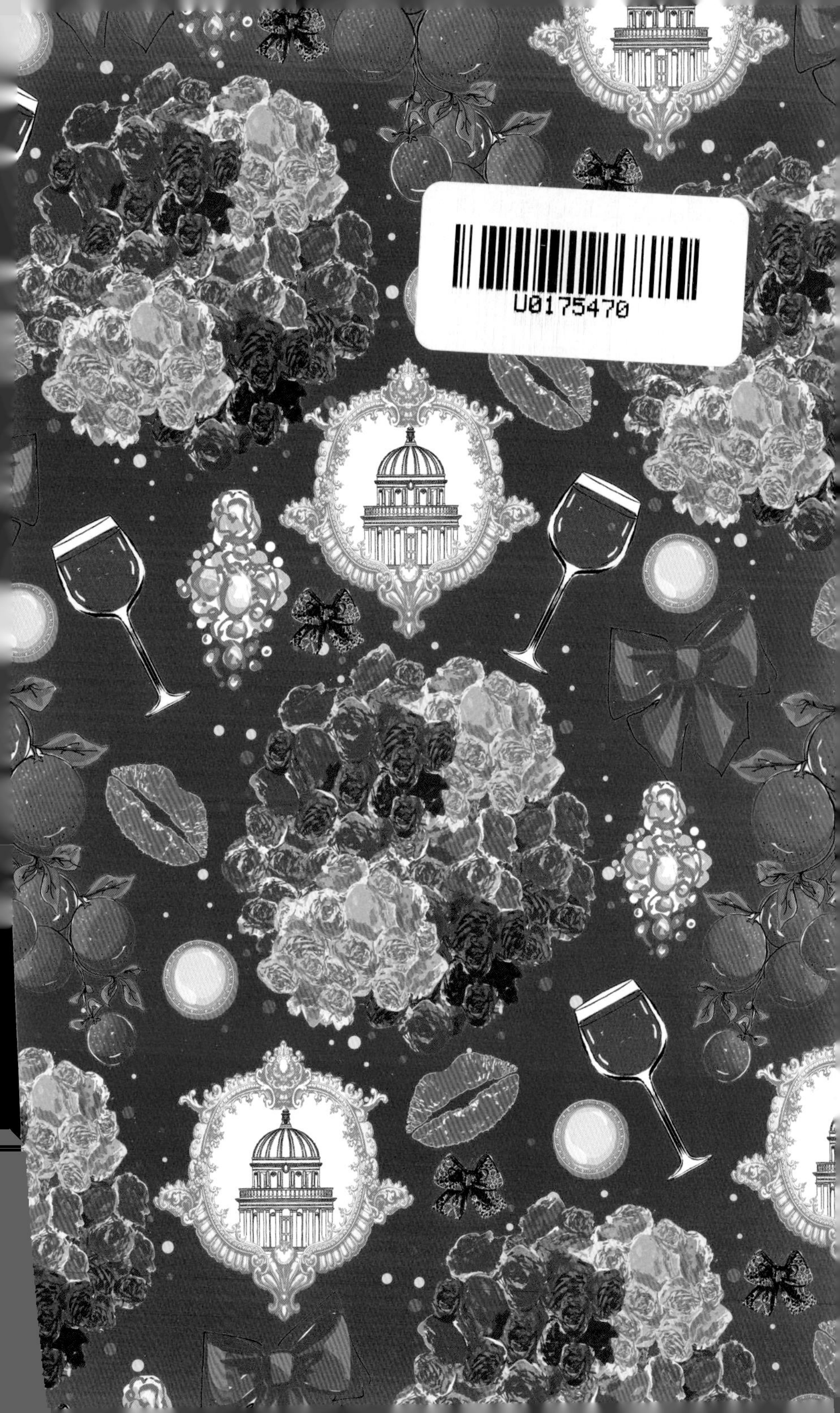
U0175470

[澳] 梅甘·赫斯 著　　邹虹 译

去意大利看秀

古驰·芬迪·普拉达·缪缪·范思哲

华伦天奴·阿玛尼·璞琪·米索尼

青岛出版集团 | 青岛出版社

图书在版编目（CIP）数据

去意大利看秀 / (澳) 梅甘·赫斯著 ; 邹虹译. —
青岛 : 青岛出版社, 2022.1
ISBN 978-7-5552-9084-1

Ⅰ. ①去…　Ⅱ. ①梅… ②邹…　Ⅲ. ①时装－服装设计　Ⅳ. ①TS941.2

中国版本图书馆CIP数据核字(2021)第273771号

QU YIDALI KAN XIU
书　　名　去意大利看秀
著　　者　［澳］梅甘·赫斯
译　　者　邹　虹
出版发行　青岛出版社
社　　址　青岛市崂山区海尔路182号（266061）
本社网址　http://www.qdpub.com
邮购电话　0532- 68068091
策划编辑　周鸿媛　王　宁
责任编辑　刘百玉
封面设计　毕晓郁
制　　版　青岛乐道视觉创意设计有限公司
印　　刷　青岛名扬数码印刷有限责任公司
出版日期　2022年1月第1版　2022年1月第1次印刷
开　　本　32开（889毫米 × 1194毫米）
印　　张　5.5
字　　数　78千
书　　号　ISBN 978-7-5552-9084-1
定　　价　128.00元

编校印装质量、盗版监督服务电话　4006532017　0532-68068050
建议陈列类别：时尚　艺术

致

玛丁娜·格兰诺力克

（Martina Granolic）

你能够看到每样事物的美，你让我相信一切皆有可能。

PRADA

前　言

意大利时尚有种摄人心魄的魅力，即便你不想沉迷，恐怕也是徒劳。意大利时尚大师的设计大胆、耀目，又有内涵，三种特质、三重精彩，将意大利时尚推上了偶像级殿堂，奠定了其标志性地位。

如此地位并非一朝一夕之功，每一次成功都要历经漫长而曲折的道路。本书谨在此向诸位意大利时尚大师及其走过的路致以崇高的敬意。书中主要介绍的九位设计大师对我的影响非常大，他们的作品令人惊叹，他们底蕴丰富、深厚，总能借助时装讲述精彩的故事，始终激励着我前行。虽然本书中收录的惊艳造型多是这些品牌近十年推出的作品，但我也很喜欢去探索品牌往昔推出的作品，探索曾经的经典元素是如何体现在当下作品中的，探索品牌风格的沿袭与传承。

几个世纪以来，“意大利制造”一直都是高质量、精做工的代名词，而欧洲这个靴子形状的国家（意大利），也因此成为时尚产业的创意中心，这也的确是实至名归。很多意大利设计师最初是从佛罗伦萨的高端皮革制品或米兰的高级定制服装做起的。每个品牌的设计师们用几十年、甚至上百年的时间完善品牌工艺，打磨品牌风格，历经岁月，使品牌地位不断提高。

虽然起步时大同小异，但意大利时尚大师们从未落入俗套。他们凭借着自信，遵循着直觉，制定自己的规则，让自己的品牌变得与众不同。一条裙子可以缀满红玫瑰，也可以缀满无数小亮片，在意大利时尚大师的手中，一切都那么顺理成章。意大利时尚让你尽情释放，让你沉浸爱河，让你随心装扮，让你觉得生活可以永远闪耀。

让我对意大利时尚肃然起敬的是，它用爱和骄傲来装扮女性。从华伦天奴（Valentino）剪裁完美的“华伦天奴红”舞会礼服，到阿玛尼（Armani）打破阳刚与阴柔界定的“权力套装”，意大利时尚尊敬女性，赋予女性以力量。当然，很多意大利时尚品牌的掌门人也是女性，她们本身就是令人敬佩的存在，如富有创造性、两大品牌的创意总监缪西娅·普拉达（Miuccia Prada），再如特立独行、独一无二的多纳泰拉·范思哲（Donatella Versace）。

书中提到的多位意大利设计师是在美国实现商业突破，拥有了国际影响力后取得了巨大成功的。这也并不稀奇，好莱坞的光辉覆盖甚广，大屏幕和红毯造就了这些时尚大师，让他们的名字变得家喻户晓。

尽管这些意大利设计师们在通往国际舞台的道路

我们从不追随别人的脚步，我们打造自己的时尚，制定自己的规则。

——玛格丽塔·米索尼（Margherita Missoni）

上“越走越远”，但他们从未忘记自己的初心。当家族几代人都为同一目标孜孜不倦地努力时，他们会赋予一个品牌新的含义。华伦天奴在姑姑的指引下，于时尚界打出一片天地；芬迪（Fendi）五姐妹继承了母亲的事业，在时尚界勉力前行。本书中提到的很多设计师与他们的爱侣在事业上也比翼双飞，充分利用了彼此的创意才华或经营能力，将爱侣变成了自己的事业伙伴。

让意大利时尚品牌成为经典的，不仅仅是品牌的家族历史，还有无比惊艳的T台造型——那些以地中海生活与文化为根基而创造出的造型。对璞琪（Pucci）而言，卡普里的海滩生活激发了他如梦如幻的创作灵感；对范思哲而言，电影《甜蜜的生活》（*La Dolce Vita*）和文艺复兴时期的奢华风格便是他无拘无束的灵感来源。

尽管意大利时尚品牌的设计师们的作品千变万化、各不相同，但它们都有一个共同点，那就是富有激情。大师们对生活、家庭、女性、创意、意大利都心怀热爱，每一个时装系列都是他们爱的真挚体现。

目 录

01

阿玛尼

ARMANI

GIORG
ARMANI
ARMANI

尽管这在阿玛尼的内心埋下了服装设计的种子，但他还是需要一份稳定的工作来养家糊口。于是，他选择学医，进入米兰大学学习，但后来国家征兵，他终止了学业。也有说他是因为晕血而被迫终止了学业。既然如此，他便改变人生方向，放弃医学，转而投向最初的梦想——服装设计。

1957年，阿玛尼找到一份与梦想有关的工作，为意大利著名的百货公司——意大利米兰购物中心（La Rinascente）装饰橱窗。很快，他就给上司留下了深刻的印象，并被提拔为采购员。做采购员时，阿玛尼学到了商业时尚世界的幕后运行机制，也学会了揣摩顾客心理。直至今日，这两点依然影响着他的设计风格，让他更加求真务实。

20世纪60年代中期，阿玛尼为尼诺·切瑞蒂（Nino Cerruti）设计了一个男装系列，后来，在朋友的鼓励下，他成为一名自由设计师。慢慢积累起来的设计经验让他形成了自己独特的风格，变成了时尚界炙手可热、备受追捧的设计师，媒体采访纷至沓来，米兰的多个设计工作室也向他伸出了橄榄枝。

期间，阿玛尼还遇到了一个对他的一生影响巨大的人，那就是年轻的建筑师塞尔焦·加莱奥蒂（Sergio Galeotti）。认识不久，他们便在生活中成为朋友，在工作上结成伙伴。在加莱奥蒂的鼓励和资金支持下，阿玛尼创立了自己的时装品牌。20世纪70年代中期，乔治·阿玛尼这个高端时装品牌诞生，并确立了商标。阿玛尼和加莱奥蒂卖掉了自己的汽车，筹资发布了品牌的首个男装系列——男士皮质短夹克系列。

这种无线条、无结构的男士夹克颠覆了人们对男装的刻板印象，让男装更柔和、感性。后来，阿玛尼又推出了女装，风格也更偏向中性风。如此一来，凭借这种模糊性别的设计，阿玛尼在国际时尚舞台上步步登高。他设计的“权力套装”打破了阳刚与阴柔的界定，男女均可穿着，是引领时装潮流走向中性风的重要作品。

通过调整垫肩，减薄翻领，放低扣子的位置，使用亚麻等非传统面料，阿玛尼对刻板的商务套装进行了改良。在彰显气质的同时，阿玛尼的套装还以其精细的做工和合体的线条成为投资品。很快，这种套装便让品牌声名鹊起，并在华尔街风靡一时。1980年，男星理查德·盖尔（Richard Gere）穿着阿玛尼的“权力套装”出现在电影《美国舞男》（*American Gigolo*）中，使得这个套装愈发抢手。

阿玛尼也对女装款式进行了大胆地颠覆，将男性传统西装的特点融入女装设计。20世纪80年代，“权力套装”成为女性时尚和女权崛起的标志，它代表着男女平等，穿着它能够让女性在职场中更有自信。1978年，女星黛安娜·基顿（Diane Keaton）凭借影片《安妮·霍尔》（*Annie Hall*）获得奥斯卡最佳女主角，走红毯时，她便穿了一件翻领的乔治·阿玛尼夹克。1981年，著名歌手格雷丝·琼斯（Grace Jones）身着乔治·阿玛尼的夹克为其专辑《夜店》（*Nightclubbing*）拍摄了封面图片。

阿玛尼引领着红毯时尚。他对如何抓住娱乐产业中的商业机会了然于心。当然，他本人也很喜欢电影，好莱坞的颁奖典礼让他在满足了兴趣的基础上，也实现了名利双收。影片《美国舞男》中男主角的造型至今仍被看作男装范本，阿玛尼设计的宽松、经典的意大利时装在影片中得到了充分展现。在该影片取得成功后，阿玛尼在洛杉矶著名的时尚街罗迪欧大道（Rodeo Drive）上开了一家店，并聘请了专职造型师，专门为演员设计造型。彼时，明星造型师还远未受到重视，阿玛尼成为这个行业的先行者。20世纪90年代初，阿玛尼斩获了一众忠实顾客，包括乔迪·福斯特（Jodie Foster）、米歇尔·法伊弗（Michelle Pfeiffer）、杰茜卡·兰格（Jessica Lange）以及朱莉娅·罗伯茨（Julia Roberts）等红毯巨星。

乔治·阿玛尼一直崇尚简约、低调，多采用直线条设计，灰、黑、海军蓝等中性色，合体的剪裁。或许是受益于曾经学习医学的经历，阿玛尼对人体的理解非常全面，这体现在他设计的每一款造型中。他对完美简约的西装极为钟情，在2016年秋冬高级成衣系列中，他向我们展示了什么才是真正的既简单又奢华。

2004年，阿玛尼推出了阿玛尼高级定制（Privé），它作为阿玛尼旗下的高级分支品牌，主要产品是针对富有阶层而设计的高级定制成衣。当2017年秋冬高级定制系列惊艳亮相时，每位模特似乎都在讲述一位神秘女性的故事，让我们很容易就想到阿玛尼童年时所创的木偶剧里的角色。

除了乔治·阿玛尼和阿玛尼高级定制，阿玛尼还推出了主打运动系列的安普里奥·

我喜欢有岁月感的东西，它们永不过时，它们经得起时间的考验，它们是优中之优的鲜活案例。

——乔治·阿玛尼（Giorgio Armani）

阿玛尼（Emporio Armani），以及主要针对年轻潮流一族的“AIX”（Armani Exchange）。从这些副牌的推出可以看出阿玛尼对于市场的精准把握能力。

在我的脑海里，我对乔治·阿玛尼的记忆是愉悦的：我第一次来到米兰时装周画插画时，就在阿玛尼的意大利餐厅用过餐。能够来到走秀现场，为如此精美绝伦的时装实时画图是令人兴奋的，我跟营销经理玛丁娜（Martina）都觉得这个日子值得庆祝，便走进了这家餐厅。坐在阿玛尼的餐厅里，仿佛置身魔法世界，从餐厅装修到餐饮菜单，一切都像品牌的T台造型一样尽善尽美。那个夜晚，如此特别。

如今，阿玛尼已到耄耋之年，作为品牌总监，从服装设计到T台造型，从创意大赛到餐厅装修，他都会亲自上阵。这便是品牌风格能够一以贯之的原因。阿玛尼住在他的米兰时装店的顶层公寓里，到现在为止，他还没有退休的打算。

2012年
春夏
高级成衣
GIORGIO ARMANI

GIORGIO ARMANI

2013年
秋冬
高级成衣
GIORGIO ARMANI

GIORGIO ARMANI

2015年
春夏
高级成衣
GIORGIO ARMANI

GIORGIO ARMANI

2016年
秋冬
高级成衣
GIORGIO ARMANI

GIORGIO ARMANI

2017年
秋冬
高级定制
GIORGIO ARMANI

GIORGIO ARMANI

02

芬 迪

FENDI

FENDI

FENDI

如果你也能同芬迪（Fendi）一样，坚持所爱之事，坚持精益求精，那就很了不起了。近百年来，芬迪家族的女性专注于她们的皮草品牌，并带领品牌成为国际时尚巨头。

在意大利，很多时尚品牌是建立在家族纽带基础上的，芬迪也不例外。1918年，一位名叫阿代莱·卡萨格兰德（Adele Casagrande）的年轻女企业家在罗马创立了自己的小型皮革毛皮商店，这就是芬迪的前身。在社会要求女性待在家中、不必工作、不需野心的时代，这是一项壮举。

在遇到未婚夫爱德华多·芬迪（Edoardo Fendi）之前，阿代莱主要是自己手工制作皮革饰品。1925年，阿代莱和爱德华多结婚并在罗马创立芬迪，专营高品质皮毛制品。他们的店开在罗马贵族和社会名流频繁光顾的精品购物大街上，在那里，多贵的东西都不会有人嫌贵，多奢华的东西都不会显得过于奢华。很快，他们又在罗马的另一黄金购物区开设了首家芬迪旗舰店。

随着夫妇两人的事业蒸蒸日上，他们的家庭也日益壮大，五个女儿接连出生，她们的名字分别为保拉（Paola）、安娜（Anna）、弗兰卡（Franca）、卡拉（Carla）和阿尔达（Alda）。因为夫妻俩工作非常努力，无时无刻不紧盯着店里的生意，女儿们只得在他们的办公室里打盹儿。

在父亲爱德华多·芬迪去世之后，人称"五根手指姐妹花"的五姐妹加入了品

我们的家庭成员之间一向亲密无间。在一群强大又有创造力的女性中间长大，是件了不起的事情。

——西尔维娅·文图里尼·芬迪（Silvia Venturini Fendi）

牌，成为母亲的得力干将。从设计到公关，她们在公司中的角色各不相同，但她们博采众长、集思广益，重新对品牌进行了定位，将品牌的目标人群定义为新潮消费者。阿代莱将自己在经营和工艺上的毕生所学传授给了女儿们，在她的掌舵下，芬迪家族的女性开启了势不可当的商业之路。

20世纪60年代，芬迪家族的女性一致决定为品牌注入新鲜血液，现在看来，这可能是她们做过的最重要的一个决定。

芬迪姐妹通过一位朋友认识了一位极有才华的德国设计师卡尔·拉格斐（Karl Lagerfeld），对于拉格斐的创意能力，五姐妹非常钦佩，于是她们邀请他加入了芬迪。那时候，皮草和皮革是身份的象征，大家觉得皮草只能做外套，而皮革只能做奢侈配饰。拉格斐试图扭转这一观念。他把夹克的内衬去掉，代以各种不同的皮草，甚至还进行染色处理，成功地将皮草从精英人士专用的贵重物品变成了大众可以拥有的日常时尚服装。

加入芬迪后的短短几年之内，拉格斐便推动品牌走上了高级定制时装的道路。1977年，拉格斐又见证了芬迪首个高级成衣系列的面世。

当芬迪姐妹发现很难找到合适的衣服来搭配芬迪品牌大胆前卫的配饰和外套时，她们决定打造自己的成衣时装。同时，芬迪制作了一部不到二十分钟的短片，片中女孩身穿芬迪衣服在罗马度假，十分唯美。从高级定制转向高级成衣，这一举措极具进步意义。作为最先迈出这一步的时尚品牌之一，芬迪为后来的路易威登及普拉达等品牌的转型做出了示范。

1978年，芬迪女掌门人阿代莱去世后，芬迪在五姐妹和拉格斐的带领下走向多样化。芬迪姐妹改良了品牌建立初期推出的纯手工高端皮包，尝试在母亲传授的传统手工技艺的基础上，在皮革上印制有趣的图案。

到20世纪90年代，芬迪家族的第三代子孙加入品牌。安娜的女儿西尔维娅·文图里尼·芬迪（Silvia Venturini Fendi）在外祖母、母亲、阿姨们及拉格斐的培养下长大，受益匪浅。1994年，她成为品牌的皮货配饰创意主管。西尔维娅与拉格斐关系密切，她十分关注品牌的发展与蜕变，也跟几位阿姨一样，不断地从家族传统中寻找灵感。西尔维娅最为出名的举动是重新打造并推出了外祖母推出的“法棍包”。至今为止，几经迭代，芬迪已推出超过600款法棍包，几乎每一位名人、明星的胳膊下都有过法棍包的身影，连电影《欲望都市》（*Sex and the City*）中都有过它的特写。

拉格斐和西尔维娅带来的新生力量也延伸到了芬迪的时装秀上，让芬迪的时装秀变得极富传奇色彩。2007年，芬迪在中国长城上举办了一场时装秀，88名模特登上这个不一样的T台款款而行。芬迪成为第一个将时装芬迪的设计师们总是在不断尝试新工艺，不断尝试新材料，极具创意，极度前瞻。

——西尔维娅·文图里尼·芬迪（Silvia Venturini Fendi）

秀带到长城的时装品牌。

拉格斐与芬迪联手超过50年，堪称时尚史上的传奇，即使在拉格斐担任香奈儿（Chanel）等其他品牌的设计总监期间，他与芬迪的合作也从未终止。现今，芬迪总部收藏着超过7000幅拉格斐的原创草图。

芬迪家族的女性的力量或许就是品牌保持着娇柔风格的原因，这种风格也是我在面对芬迪这个品牌时非常想捕捉到的东西。2017年在米兰，我有幸与芬迪合作，为春夏高级成衣系列绘制插图，制作动画，那些色彩淡雅、漂亮迷人的服饰和包包让我兴奋不已。

不久后，我受邀参加了芬迪在悉尼歌剧院举办的一场晚宴。在澳大利亚的标志性建筑中，身着漂亮的芬迪礼服，我见到了西尔维娅·文图里尼·芬迪，那感觉实在妙不可言。那个夜晚，我亲身体会到了芬迪时装的意义，真正地看到了芬迪的设计师对每一件作品的用心。

最近十年，芬迪出资近220万欧元修缮罗马许愿池（Trevi Fountain），这使品牌再次成为媒体关注的焦点。2016年，拉格斐在许愿池举办了芬迪秋冬高级定制时装秀，透明的树脂T台让模特们看起来像在水上行走。许愿池距离阿代莱创立的首家芬迪旗舰店仅有几个街区之遥，拉格斐带领品牌以此方式向芬迪的创始人及其手工缝制的传统致敬。

2016年
秋冬
高级定制
FENDI

FENDI

2017年
春夏
高级成衣
FENDI

FENDI

2017年
早秋
FENDI

FENDI

2017年
秋冬
高级定制
FENDI

FENDI

2018年
度假系列
FENDI

FENDI

03

米索尼

MISSONI

欣赏米索尼（Missoni）的作品是一种极为独特的体验。那栩栩如生的图案千变万化，仿佛带我们穿过了万花筒的世界，进行了一场奇妙的旅行。米索尼的设计师们独具匠心、别出心裁，自品牌创立以来，一直用针织品延续着这种不落窠臼的风格。

在米索尼创立之前，针织衫就是针织衫，其作用只是保暖，就像雨伞最初的作用是挡雨一样。但在米索尼创立之后，一场思想与心灵的交汇永远地改变了针织衫的命运。

1948年的伦敦奥运会上，有一位年轻的意大利运动员，名叫奥塔维奥·米索尼（Ottavio Missoni）。谁也想不到，这位运动明星日后会成为时尚界巨头。回到意大利后，他和他的朋友兼队友乔治·伯维格（Giorgio Oberweger）创办了一个小小的针织衫工厂作为副业。工厂里有三台针织机，能够生产舒适又时尚的针织运动服，后来，这种类型的针织运动服还成了意大利奥林匹克运动队的队服。

奥运比赛现场，有一位年轻的意大利姑娘在为奥塔维奥打气加油，她就是彼时在伦敦学习的罗西塔·耶尔米尼（Rosita Jelmini）。罗西塔的家族在意大利拥有一家刺绣及印染公司，这家公司以制作针织披肩而闻名。作为公司的继承人，罗西塔对运动员的针织运动服很感兴趣。比赛结束后，她决定去见见这种针织运动服的设计师，结果她与奥塔维

我们生活在缤纷世界中，每个瞬间都不相同。混合和搭配便是我们的风格，我们会尝试各种各样的编织方法。

——罗西塔·米索尼（Rosita Missoni）

奥一见钟情。

回到意大利后，他们尝试使用罗西塔家族的针织机器制作自己的针织品。1953年，两人结婚，并成立了自己的针织品工作室。罗西塔负责服装设计，奥塔维奥负责配色，兼任技术人员。

罗西塔和奥塔维奥是20世纪针织品设计的先驱，他们将传统技术与创新技术相融合，并在接下来的几十年里深刻地影响了各大时尚品牌。他们是天生的工匠，也极具经营头脑。他们会在一件衣服中同时使用20种材料，把羊毛、棉花、亚麻、人造丝和丝绸等混合在一起，创造出新的面料，再染制成四十多种不同的颜色。由于纺织机器只能编织直线条，他们对此很不满意，便对机器进行了改造，让机器能够编织出各种形状的图案，其中就包括米索尼品牌的标志性“之”字形图案。他们制作的针织衫剪裁得体，能够凸显出女性身体的柔美曲线。

20世纪60年代，赫赫有名的意大利米兰购物中心（La Rinascente）订购了500条米索尼条纹衬衫连衣裙，夫妇俩的作品大获成功。这些风靡一时的连衣裙引起了法国设计师艾曼纽·汗（Emmanuelle Khanh）的注意，他找到米索尼夫妇，想跟他们合作举办一场游泳池T台秀，结果这场T台秀引发了“惊涛骇浪”般的轰动：开始时，模特们穿着色彩鲜艳的米索尼针织衫，坐着充气椅子漂在泳池中，谁知充气椅子侧翻，模特们掉进了水里！一时间水花四溅，惊天动地。几十年后，罗西塔对此事的记忆依然深刻。颇有威望的时尚编辑安娜·皮亚吉（Anna Piaggi）当时也在现场，那天，她宣布罗西塔·米索尼（婚后冠夫姓）是当季最受推崇的设计师之一。

也是在这段时间，奥塔维奥和罗西塔受邀在意大利的顶级时尚殿堂——佛罗伦萨的皮蒂宫（Palazzo Pitti）举办时装秀，米索尼再次激起轩然大波：罗西塔要求模特脱掉内衣，因为内衣会让色彩鲜艳的上装效果不佳。结果T台上灯光一照，模特的上衣瞬间变成了“透视装”，一时间全场哗然。

这场舞台事故反而让夫妇俩因祸得福，美国版《Vogue服装与美容》（*Vogue*）的总编辑黛安娜·弗里兰（Diana Vreeland）注意到了他们。她喜欢这种轻快、有趣的设计，很快，米索尼的时装便出现在该杂志上。她还把米索尼介绍给美国尼曼·马库斯（Neiman Marcus）百货的斯坦利·马库斯（Stanley Marcus），帮助米索尼打进了美国市场。不久，布鲁明戴尔百货（Bloomingdale's）也设立了首家米索尼精品店。米索尼以其大胆、前卫的图案塑造了迷幻、优雅、高冷风，追随者遍布全球。

米索尼标志性的“之”字形图案以及那些由扇形、圆点、条纹、格子组成的图案，已经成了品牌最显著的特征。2011年秋冬高级成衣系列中，品牌主打带有“之”字形图自由是我外祖父生活的主旋律，而米索尼的品牌精神正源于此。

——玛格丽塔·米索尼（Margherita Missoui）

案的浅橘色喇叭裤；2015年度假系列中，品牌推出了设计十分大胆、前卫的大“之”字形图案裤子；2015年春夏高级成衣系列中，斑斓小花与“之”字形图案搭配，散发出清新的气息。米索尼的时装非常具有辨识度，慢慢地，其产品范围不再限于女装，逐渐扩展至家居用品甚至精品酒店领域。

我在伦敦居住的时候大约25岁，那个时候，米索尼漂亮的图案便吸引了我的目光。我没有太多的预算来给自己的小公寓进行豪华装修，但我还是攒钱买了两个带有“之”字形图案的米索尼坐垫。那是我第一次出手购买时尚品牌的家居用品，我希望这两个坐垫能给整间公寓带来神奇的变化，事实证明，它们没有令我失望。

20世纪90年代，罗西塔和奥塔维奥的女儿安杰拉（Angela）接手品牌，夫妇俩则专注于室内和家居设计。2005年左右，安吉拉的兄弟们也加入品牌，负责研究、开发和营销。安吉拉的女儿玛格丽塔（Margherita）也入职公司，担任配饰设计师。可以说，整个家族的同心同德、齐心勠力，让米索尼不断成长，成为一个名副其实的时尚大牌。

罗西塔和奥塔维奥的时尚理念是：每件衣服都应当是一件艺术品，女性选择穿它，是因为喜欢它，而不仅仅是因为它实用。可以肯定地说，米索尼的时装的确属于上乘艺术，它的图案如此精美绝伦，恰如穿着它的女性。

2009年
秋冬
高级成衣
MISSONI

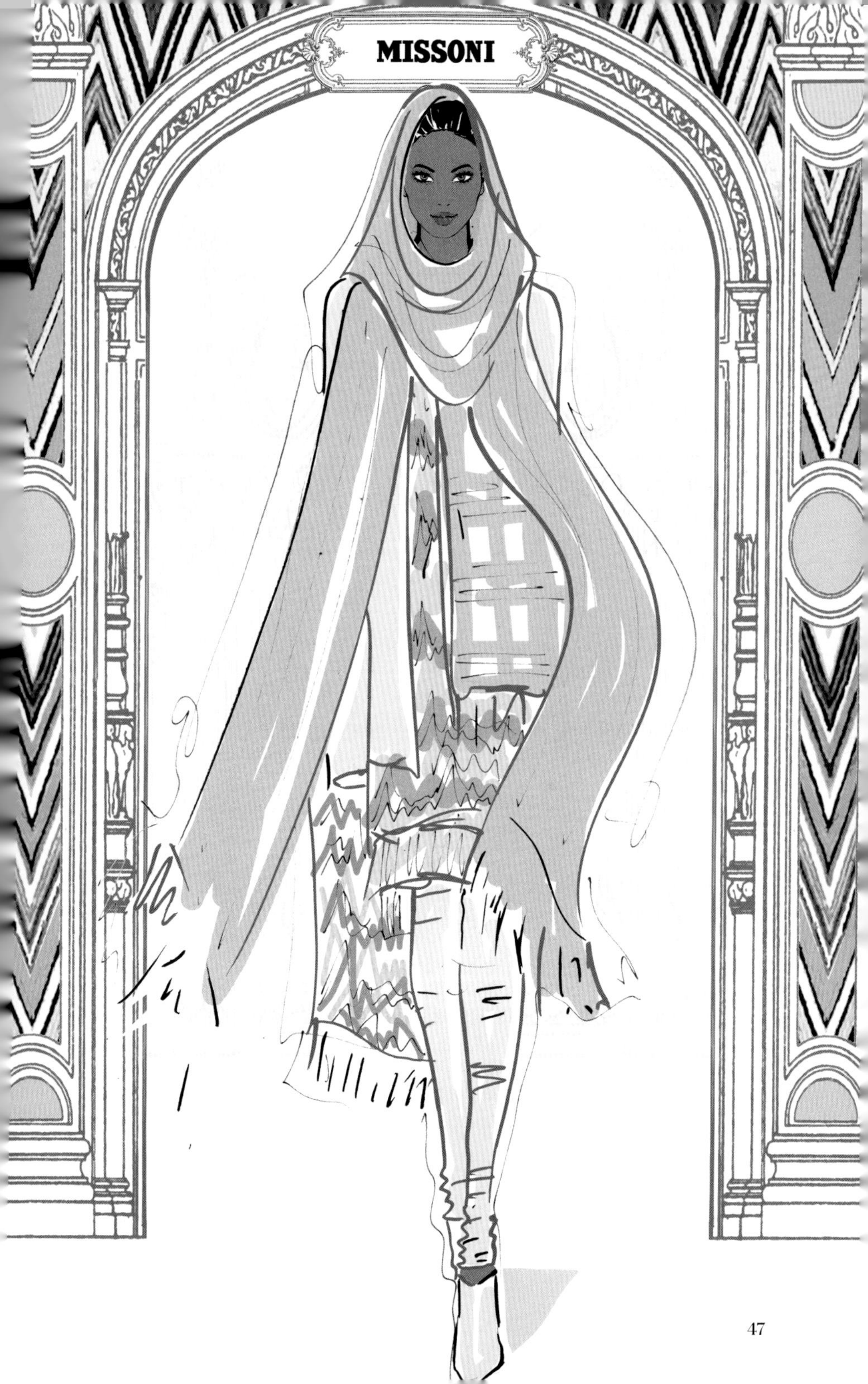
MISSONI

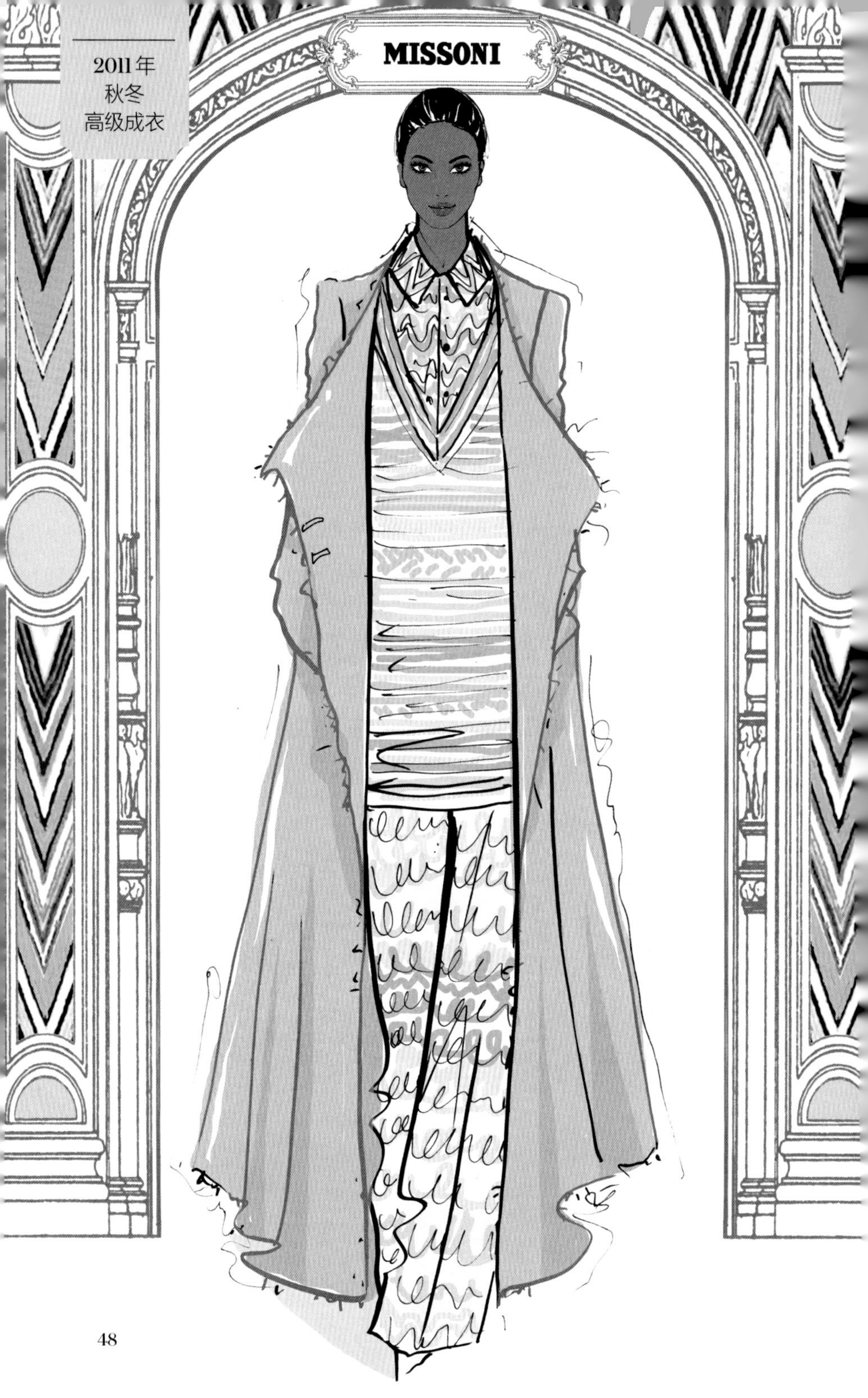
2011年
秋冬
高级成衣
MISSONI

MISSONI

MISSONI

MISSONI

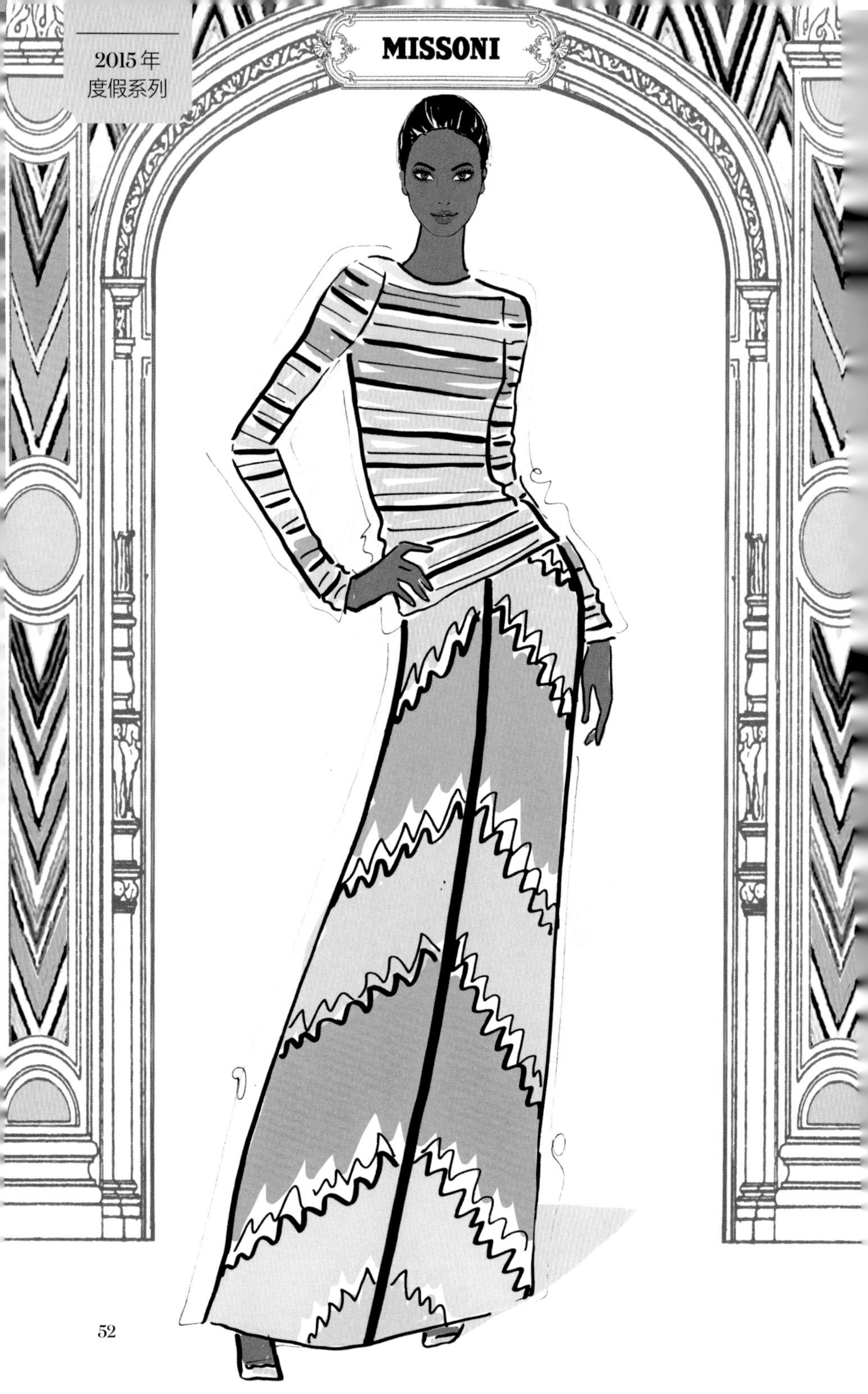
2015年
度假系列
MISSONI

MISSONI

2015年
春夏
高级成衣
MISSONI

MISSONI

04

普拉达

PRADA

自立自强、别具匠心又不断进取的女性总是能给我很多鼓舞，而意大利的时尚行业中，从不缺乏这样的女性。缪西娅·普拉达（Miuccia Prada）就是一个完美的例子。她执掌普拉达近半个世纪，从未背弃过自己的设计理念，让品牌在一季又一季的秀场上始终保持着“时尚先驱”的地位。

你通过自己的着装向世界展示自己，别人通过你的着装来了解你。在人际交往如此快节奏的今天尤为如此。时尚是一种快速表达自己的语言。

——缪西娅·普拉达（Miuccia Prada）

20世纪下半叶，普拉达大放异彩，缪西娅功不可没，但追根溯源，普拉达最初是由马里奥·普拉达（Mario Prada）于20世纪初创立而成的。1913年，马里奥和他的兄弟一起开设了一家名为“弗拉泰利·普拉达”（Fratelli Prada）的皮革精品店。店铺位于米兰著名的奢侈品商业街埃玛努埃尔二世拱廊（Galleria Vittorio Emanuele Ⅱ），主要向当地上流社会人士出售手工制作的皮革包、皮箱和旅行配饰，得到了来自皇室和上流社会的宠爱和追捧。

具有讽刺意味的是，马里奥认为女性不应从商，所以期望自己的儿子接手品牌，可儿子对此毫无兴趣。最终，20世纪下半叶，马里奥的孙女缪西娅加入品牌，直至担任品牌总设计师，为品牌注入活力，让这个古老的品牌再次登上世界时尚舞台。

缪西娅走上时尚这条道路并非本意。原本她已经取得了政治学博士学位，后来，她逐渐改变了人生方向，还学习了戏剧。直到1978年，她才继承了家族企业。

在接手普拉达的前后几年里，缪西娅认识了一位年轻人，他叫帕特里齐奥·贝尔泰利（Patrizio Bertelli）。两人的创意天赋势均力敌，经营能力不相上下。很快，两人陷入爱河并结为夫妻，此后便联手经营普拉达，缪西娅专注于设计，丈夫则主要负责品牌的扩张。

20世纪80年代，缪西娅决定赋予品牌新的元素，增强品牌活力，向世界展示普拉达所传递的现代艺术的魅力。她设计了一款背包，承袭了外祖父精湛的制作工艺，但没有使用皮革材料，而是采用了一种通常用于军用帐篷的防水尼龙材料。制作皮革产品时通常会使用小的金属器件，受此影响，她在尼龙背包上也加了一个简单的金属小装饰，这就是普拉达倒三角形的品牌标志。这款尼龙背包一炮而红，让缪西娅信心大增，她开始尝试更加自由的设计。随后，她又推出了首个鞋子系列和首个女装系列。

到20世纪90年代，普拉达已然成为身份

的象征，产品自带高奢感。那十年，时尚圈柔媚之风当道，新朋克主义盛行，但普拉达的风格截然不同。缪西娅推出了一系列颠覆传统的造型，包括低腰裤、及膝裙及品牌标志性的细腰带等。这种带有珠宝装饰的细腰带在2012年春夏高级成衣系列中再次登场。

缪西娅有句名言——“永远都不要怀旧”，这句话决定了普拉达时装秀的走向。每当其他设计师终于理解了缪西娅设计的内涵并试图模仿时，普拉达已经启航驶向了新的航道。上一季，普拉达主打的可能是由水晶饰品装点的上衣和裙子，如2010年春夏高级成衣系列，下一季，就可能是镶钻、插着羽毛的柠檬黄色中国风睡衣，如2017年春夏高级成衣系列。换句话说，普拉达的设计没有时代的疆界。20世纪90年代产的普拉达外套，今天拿出来穿搭依旧时尚新潮。买普拉达的产品不是消费，而是投资，因为普拉达的服装可以在你的衣柜里待上几十年也不过时。

缪西娅的审美被称为“极繁主义者中的极简主义”，她设计的服装轮廓简单、线条利落，却有着奢华镶边、刺绣等繁杂的细节，这可能是受到了她年轻时丰富多彩的经历的影响吧。当有些品牌还在高调展示自己我为何钟爱时尚？因为它只关乎自己，就像自己的爱情故事。

——缪西娅·普拉达（Miuccia Prada）

的品牌标识时，普拉达的服装已显现出某种低调的内涵。

2015年，我有幸与普拉达合作，为2015年春夏眼镜系列绘制动图，期间，我对这种精简的时尚风格有了更加深刻的体会。简而言之，这种风格便是抓住本质、凸显优势。我想，这便是普拉达精神的精华吧，一种现代的经典设计风格。

普拉达高雅精致、超凡脱俗，我一直对它心存敬畏，甚至不敢走进它那漂亮的实体店。年轻的时候，如果有人告诉我，有一天我会有机会与普拉达合作，我恐怕会将它当成玩笑一笑置之。可事实证明，只要肯努力，一切皆有可能。

等待普拉达的新系列登上秀场，就像在等待大爱的电视剧更新，焦急、迫切、望眼欲穿，但又担心自己期望过高难免失望。幸运的是，普拉达的新系列从未让我失望过，正因为此，我才永远对下一季的普拉达心怀期待。

2010 年
春夏
高级成衣

PRADA
MILANO

2012年
春夏
高级成衣
PRADA
MILANO

PRADA
MILANO

2015年
秋冬
高级成衣

PRADA
MILANO

2017年
春夏
高级成衣

PRADA
MILANO

PRADA
MILANO

PRADA
MILANO

05

miu miu

从本质上讲，缪缪（Miu Miu）算是普拉达（Prada）酷酷的小妹妹。这两个品牌相比，普拉达更规矩，而缪缪更有趣味。形象一点儿来说，“姐姐”普拉达中规中矩，到了时间就要躺在床上枕着真丝枕头睡觉，而“妹妹”缪缪却敢打破宵禁。作为意大利时尚品牌中年轻的一员，缪缪有着一种不可模仿的气质。

我为缪缪做的设计必须是灵光乍现、豁然贯通、一触即发的结果。如果需要犹犹豫豫、再三思索，那我就会放弃这个设计。

——缪西娅·普拉达（Miuccia Prada）

缪缪是普拉达的创意总监缪西娅·普拉达（Miuccia Prada）的天才之作，而“缪缪”正是缪西娅的家人对她的昵称。1993年，缪缪作为普拉达的副线品牌推出，但与其他副线品牌不同的是，缪缪在时尚界的地位可比肩普拉达，它凭借自身实力迅速跻身一线时尚品牌。虽然缪西娅身兼两个品牌的掌门，但她希望两个品牌完全独立。

缪缪具有普拉达的基因，这一点我是喜欢的，但是像我们家中桀骜不驯的小妹妹一样，缪缪有自己的个性，从不跟在成功的姐姐身后亦步亦趋。缪缪让缪西娅有机会充分发挥自己的创造力，摆脱家族传统的限制，不受普拉达品牌设计理念的约束。普拉达是中规中矩的，缪缪则是叛逆不羁的；普拉达的色彩偏中性，缪缪则色彩鲜艳；普拉达遵循经典与传统，缪缪则是在探索前行。

缪缪的首家精品店开在米兰的史皮卡大道上，开业之初，品牌设计多为淡雅柔和的便装，后来慢慢演变为如今俏皮的学院风服装。缪缪的时装风格与普拉达简约、保守、典雅的风格形成了鲜明的对比。它不适合畏首畏尾的人，它的每个细节都设计感极强，充分彰显着个性。

成立以来，缪缪瞄准年轻受众，已经吸引了一大批忠实拥趸。品牌管理者会选择符合流行文化趋势的女性作为品牌代言人，与缪缪合作过的明星有超模凯特·莫丝（Kate Moss），演员德鲁·巴里莫尔（Drew Barrymore）、柯尔斯滕·邓斯特（Kirsten Dunst）、克洛艾·塞维尼（Chloë Sevigny）以及中国影视明星周迅等，她们都是非常有个性、独立的女性。

其中，缪缪与克洛艾·塞维尼合作的

广告堪称品牌的经典之作。中性风、棕褐色皮肤、格子花呢，这些元素标志着缪缪从柔弱的女性化外观向更前卫的意大利高端时尚方向的转变。此后，缪缪的反主流系列继续逆潮流而行，作品完全是缪西娅的兴之所至——有趣就好。

“有趣”这个词是这个年轻时尚品牌的精髓所在。缪西娅会在芭蕾舞鞋和休闲鞋上装饰珠宝，会在带有花纹的丝绸衬衫上装饰可拆卸的蝴蝶结衣领，会在一件服装上同时设计荷叶边和褶裥，会把动物图案和钻石天衣无缝地结合在一起，甚至让你无法想象将这两者分开会是什么样。穿缪缪的女性桀骜不驯又聪明能干，她们更喜欢街头休闲风格的服饰，而不是T台上的传统高冷时装。

缪缪时装的中性风格源自缪西娅复古与现代相融合的个人衣橱，我也喜欢将这两种风格融合在一起的时装。缪西娅以20世纪50年代流行的泳装与花泳帽为灵感，设计出了2017年春夏高级成衣系列；以20世纪70年代流行的淡色皮草与连体裤为灵感，设计出了我对时尚的理解是，它是一种反叛，一种对长久以来美貌与性感的定义的颠覆。

——缪西娅·普拉达（Miuccia Prada）

2017年秋冬高级成衣系列。缪缪的时装将有趣的颜色、图案、形状结合起来，呈现出来的结果总是非常惊艳。

在我犹豫不决，不知道该选哪种风格、哪种式样的服装时，缪缪总是我的首选。几年前，我在查看自己的衣帽间时，突然意识到自己缺少一只“实用的”的包包，我必须马上填补这个缺失。

我找了一圈儿，最后买到了我的第一件缪缪产品，一只有刺绣和珠宝的浅粉色丝绸包。直到现在，我还是会用这个包包去搭配我的一些外套。

缪西娅说过，在她为缪缪进行设计时，她知道自己可以自由发挥，可以大胆探索，一切成果都是兴之所至、意之所及。在一众意大利时尚大牌中间，缪缪或许尚显稚嫩，但我深信，总有一天，它也会像自己的“姐姐”普拉达一样，拥有悠久的历史与丰厚的积淀，它还有很多枷锁要打破，还有很多未竟的故事待讲述。

2014年
春夏
高级成衣
miu miu

miu miu

2015年
春夏
高级成衣
miu miu

miu miu

2016年
秋冬
高级成衣
miu miu

miu miu

2017年
春夏
高级成衣

miu miu

2017年
秋冬
高级成衣
miu miu

miu miu

06

古驰

GUCCI

我们挂在嘴边的意大利时尚品牌很多，但没有哪个可以比“古驰”（Gucci）更让人耳熟能详。古驰成立于1921年，是意大利最古老的时尚品牌之一，也是世界上最著名的时尚大牌之一。作为奢华的代名词，古驰坚定不移地信奉“意大利制造”，它的产品是经典的、永恒的。

古奇奥·古驰（Guccio Gucci）的父亲是佛罗伦萨的一名皮革工匠，年轻的古驰不愿继承父亲的衣钵，便去了法国，后来又去了英国。20世纪初，古驰在伦敦著名的萨沃伊酒店（Savoy Hotel）当行李搬运工，他注意到，入住酒店的贵宾都会带着定制的皮箱。每天与行李打交道，让他有机会仔细观察定制皮箱的精巧设计。他意识到，皮箱并非实用即可，它是表达自我的方式；皮箱不仅是皮箱本身，它还是一种地位的象征。

带着这些认识与发现，古驰返回家乡佛罗伦萨，开始创业。20世纪20年代初，他创办了第一家工作室。虽然也雇用了一些皮革工匠，但家小业小，售卖的产品也不是皮箱，而是马具。他的马具很受业界欢迎，这给了他信心继续向前，他希望有一天能够去做自己真正想做之事——打造奢华行李箱，那种深受他在萨沃伊酒店接待过的贵宾追捧的行李箱。

古驰设计行李箱时，会将佛罗伦萨的文化与自家的传统工艺结合在一起，每一件

在为古驰进行设计时，我总喜欢将过去和现在结合起来，因为这个品牌拥有悠久的历史。

——弗丽达·詹妮妮（Frida Giannini）

都让人恋恋不舍。头十年，他的生意稳步发展，但第二次世界大战后，国际上对意大利实施禁运等一系列政策，古驰用来制作行李箱的那种皮革无法进口，生意阻滞。

不过，古驰并没有停止生产，而是开发了一种麻纤维编织物，也就是我们现在说的帆布，用以代替皮革。使用这种材料原本是因皮革短缺而采取的临时措施，不曾想，现在，这种材料已成为古驰的王牌材料。

古驰在新面料上做上了花纹，在浅棕色背景上镶上了两颗相连的钻石。如今，这种设计已经成为时尚界辨识度最高的图案之一，它有特色又简单、好辨识。很快，古驰设计的棕色奢华行李箱便随处可见。

钻石是女性最好的朋友，这个设计当然也是我的最爱之一。近百年后，该设计依然会出现在古驰的T台上和配饰中，真是令人欣慰。它不仅表达了古驰简约优雅的审美，还证实了一个设计铁论——最朴素的设计产生的影响最持久。

古驰的“GG”字母组合图案是在1953年，古奇奥·古驰去世后出现的。古驰去世后，他的儿子们接管了家族企业，为纪念父亲，他们将父亲名字的首字母“GG”变成了图案印在包包上。古驰品牌还有一个独具特色的标志，那就是20世纪50年代推出的红绿条纹设计。这一设计灵感来源于马肚带的红绿条纹，传承了品牌早期以马具起家的传统。如今，古驰的皮制配饰和鞋履上经常会出现这种条纹。

条纹设计也会出现在古驰的时装上，有时是红色和绿色搭配，有时是红色和海军蓝搭配。2016年的春夏高级成衣系列中，就有丝绸衣服与红蓝条纹织带的搭配，还将织带做成了蝴蝶结。2017年的度假系列中，在一条十分惊艳的印花套装上，也有红蓝织带做成的蝴蝶结。

正如古奇奥·古驰当年创业之时所期冀的那样，他的品牌受到了全世界上流社会人士的追捧，包括当时美国的第一夫人杰奎琳·肯尼迪（Jacqueline Kennedy）和摩纳哥王妃格雷丝·凯莉（Grace Kelly）。古驰著名的“花之舞”（Flora）图案便是古奇奥·古驰的儿子鲁道夫·古驰（Rodolfo Gucci）委托艺术家维托里奥·阿科尔内罗（Vittorio Accornero）为摩纳哥王妃设计的，现今，这一图案已成为古驰最珍贵、最经典的图案之一。

尽管古驰的风格出现过一些重大的变化，但总体而言，除了钻石、红绿条纹和“GG”标识为主要设计元素，其他元素在品牌的大部分系列中也都有所体现。随着古驰家族人员的退出，1990年，汤姆·福特（Tom Ford）成为品牌女装创意总监，他的到来预示着古驰革命性转变的开始。他引入了20世纪70年代纽约传奇俱乐部“Studio54”

时尚无关产品，它是一种了不起的理念，一种需要你竭力理解的想法。

——亚历山德罗·米凯莱（Alessandro Michele）

（54号工作室）新潮且前卫的风格：天鹅绒定制长裤，真丝裙子，白色V领针织连衣裙，还有向品牌的创始人致敬的马术装备。2002年，弗丽达·詹妮妮（Frida Giannini）执掌古驰，她大量借鉴古驰的历史元素，并在其基础上进行偏现代风格的改良。在2012年的“硬装饰”（Hard Deco）系列中，她借鉴了古驰20世纪70年代推出的时装中的一个细节，在包包上装饰上了金属虎头配件，让这个历史元素（虎头）走上新世纪的时尚舞台。

一次，在去纽约的旅途中，我买了一对古驰的虎头耳环，在古驰所有的经典元素中，虎头是我的最爱。戴这对耳环的时候，我会搭配一件精致的衬衫或者裙子，这对厚实、硬朗的金耳环会让我有一种古驰全套时装加身的自信。

2015年，亚历山德罗·米凯莱（Alessandro Michele）执掌古驰后，品牌风格再度发生变化。亚历山德罗采用多种不同风格进行混搭，使异域风情的印花大放异彩，在优雅的线条中点缀了些许野性。但仔细观察又会发现，每个新系列中都会出现一些历史元素，比如2017年早秋系列中有一件20世纪80年代风格的拉拉队连衣裙，连衣裙的领口处，有一个极为醒目的粉色织带蝴蝶结。

2016年
春夏
高级成衣
GUCCI

GUCCI

2016年
秋冬
高级成衣
GUCCI

GUCCI

2017年
度假系列
GUCCI

GUCCI

2017年
早秋
GUCCI

GUCCI

2017年
秋冬
高级成衣
GUCCI

GUCCI

07

范思哲

VERSACE

在我看来，打破规则与藩篱是设计师应尽的职责。

——詹尼·范思哲（Gianni Versace）

在很多人看来，家庭是意大利生活的关键词。而在全世界的时尚圈里，再也没有比范思哲（Versace）更重视家庭的品牌了。范思哲家族建立了一个真正的“时尚帝国”，目前，品牌由多纳泰拉·范思哲（Donatella Versace）掌门。她特立独行、富有创意、英明果决，在她的带领下，范思哲名满天下，从范思哲家族的发祥地——意大利南端的雷焦卡拉布里亚，到纽约时装周的聚光灯下，范思哲无处不在。

多纳泰拉是在20世纪90年代末担任品牌的创意总监的，此前，范思哲由多纳泰拉的哥哥詹尼·范思哲（Gianni Versace）执掌，他那极富创意的头脑为品牌赢得了诸多国际赞誉。詹尼出生于1946年，童年时期，他常与兄弟姐妹们去古罗马的遗址玩，那宏大的建筑、漂亮的马赛克以及蛇发女妖美杜莎（Medusa）的神话传说让他痴迷不已。

詹尼的母亲是一位裁缝，詹尼自小便表现出在针线活儿上的天赋，从小耳濡目染，时装便成了他血液中根深蒂固的东西。詹尼跟母亲一起经营家中的时装精品店，在詹尼的经营管理下，精品店的地位快速提升。他还做设计，不过他不会总是重复同一种风格的设计，而是自由探索、不断创新，推出了有自己独特印记的时装。不过，詹尼后来选择学习建筑学，因为这是他童年时期就种下的建筑梦。

1972年，詹尼离家，来到米兰追逐建筑梦想。随后，他为一家时装生产商设计的针织服装畅销，他因此获得了一辆汽车作为奖励。这件事也成为詹尼改变人生方向的契机。在为卡拉汉（Callaghan）、珍妮（Genny）、康普利斯（Complice）等一些大品牌设计出不同的时装系列后，他在时尚圈声名鹊起。那段时间，詹尼形成了自己的独特风格，他把看起来不相关的元素搭配在一起，还拓展了皮革的作用，将原本仅用于制作配饰的皮革用作女装的原材料。

1978年，詹尼·范思哲创立了自己的同名品牌，并推出了品牌的首个高级成衣系列。他邀请自己的哥哥桑托·范思哲（Santo Versace）共同经营公司，还邀请妹妹多纳泰拉担任设计顾问，并培养多纳泰拉最终成长为品牌的创意总监。作为对自己儿时梦想的纪念，詹尼将品牌标识定为美杜莎的头像。他也期望自己的设计能像美杜莎一样魅惑，一样摄人心魄，让顾客无法挪开双眼。

这一雄心壮志在詹尼的努力下变成了现实。20世纪80年代，范思哲的发展扶摇直上。到了20世纪90年代，当女星伊丽莎白·赫尔利（Elizabeth Hurley）身穿一件有超大金色别针装饰的新朋克风格黑色礼服出现在电影首映式上时，范思哲惊艳了世界，品牌发展实现了大爆发。直至今天，这一造型仍堪称范思哲最著名的造型之一。

范思哲鼓励女性大胆、反叛，而伊丽莎白·赫尔利的这一造型恰恰是对该精神的最佳诠释。选择范思哲的女性自信、独立，只为自己梳妆，她们的衣柜也与她们的气质相匹配。

同时，詹尼深知名人效应与超模的影响力，他与辛迪·克劳福德（Cindy Crawford）、琳达·埃万杰利斯塔（Linda Evangelista）、克里丝蒂·特林顿（Christy Turlington）及娜奥米·坎贝尔（Naomi Campbell）等一众超模合作，打造出许多经典T台形象。在一次时装秀上，詹尼让模特们在乔治·迈克尔（George Michael）的名曲《Freedom！'90》（《自由》）的伴奏下走上T台，铸就了时尚史上一大经典场面。

随着詹尼在时装创意上的高歌猛进，范思哲也成为真正意义上的时尚前卫先驱。然而，1997年，詹尼却在如日中天之时意外身故，这一悲剧不仅影响了他的家人，也影响了整个时尚界。

范思哲家族不愿让詹尼多年的努力功亏一篑，追随他多年的妹妹多纳泰拉站了出来，临危受命。多纳泰拉有着金色的长发、黑色的眼睛，她以无拘无束的着装而闻名，是一个集范思哲品牌精髓于一身的女性。她无须把握品牌的脉搏，因为她就是脉搏本身。作为范思哲的创意总监，多纳泰拉强化了哥哥生前的风格，并给品牌注入更多活力与现代感。

多纳泰拉带领范思哲继续走“新高级定制”（neo-couture）的路线，将“新”与“旧”创新性地融合起来。多纳泰拉团队研发出了一种铝制网状物作为制作时装的材料，还使用激光技术将皮革和橡胶融合在一我热衷于赋予女性权力，我想改变人们对这个品牌的看法，从“快看我”变成“听我说”。

——多纳泰拉·范思哲（Donatella Versace）

起。从聚氯乙烯娃娃裙到系着银色丝带的礼服，多纳泰拉大胆的设计真正地做到了“让顾客无法挪开双眼”。

多纳泰拉带领品牌不断推陈出新，重新诠释着詹尼最初的设计理念。在2018年春夏高级成衣系列中，多纳泰拉直接将一个大广场上的装饰图案印在时装上，大放异彩。当然，金黄色装饰花纹、皮革配饰以及用硬币装饰的金属怀旧风摩托车靴也是这个系列如此经典的原因。

当位于澳大利亚黄金海岸的范思哲豪华度假酒店（Palazzo Versace）建成时，范思哲的品牌特点得以在更宏大的画布上发挥。我有幸受到委托，为酒店的内饰设计了一系列印刷品。合作期间，我用一支漂亮的范思哲钢笔来绘制设计草图。这支金白相间的精美钢笔一直是我最珍贵的绘画工具，它代表着范思哲的精致与细腻。大如铺满马赛克的宏伟酒店，小如简简单单的钢笔，范思哲所有的产品都在诉说着品牌内涵，始终如一地保持着品牌风格。

2017年，为纪念哥哥詹尼·范思哲，多纳泰拉请回20世纪90年代的超模，让她们身着金色女神风格的礼服，在《Freedom！’90》的背景音乐中重返T台。此举既展示了品牌古典奢华的风格，也表现出家族历史对范思哲的重要性。背景音乐的关键词“自由”，似乎也是对品牌理念恰如其分的表达。女性，应当为自己着装。

2011年
秋冬
高级成衣
VERSACE

VERSACE

2012年
秋冬
高级成衣

VERSACE

2013年
春夏
高级成衣
VERSACE

VERSACE

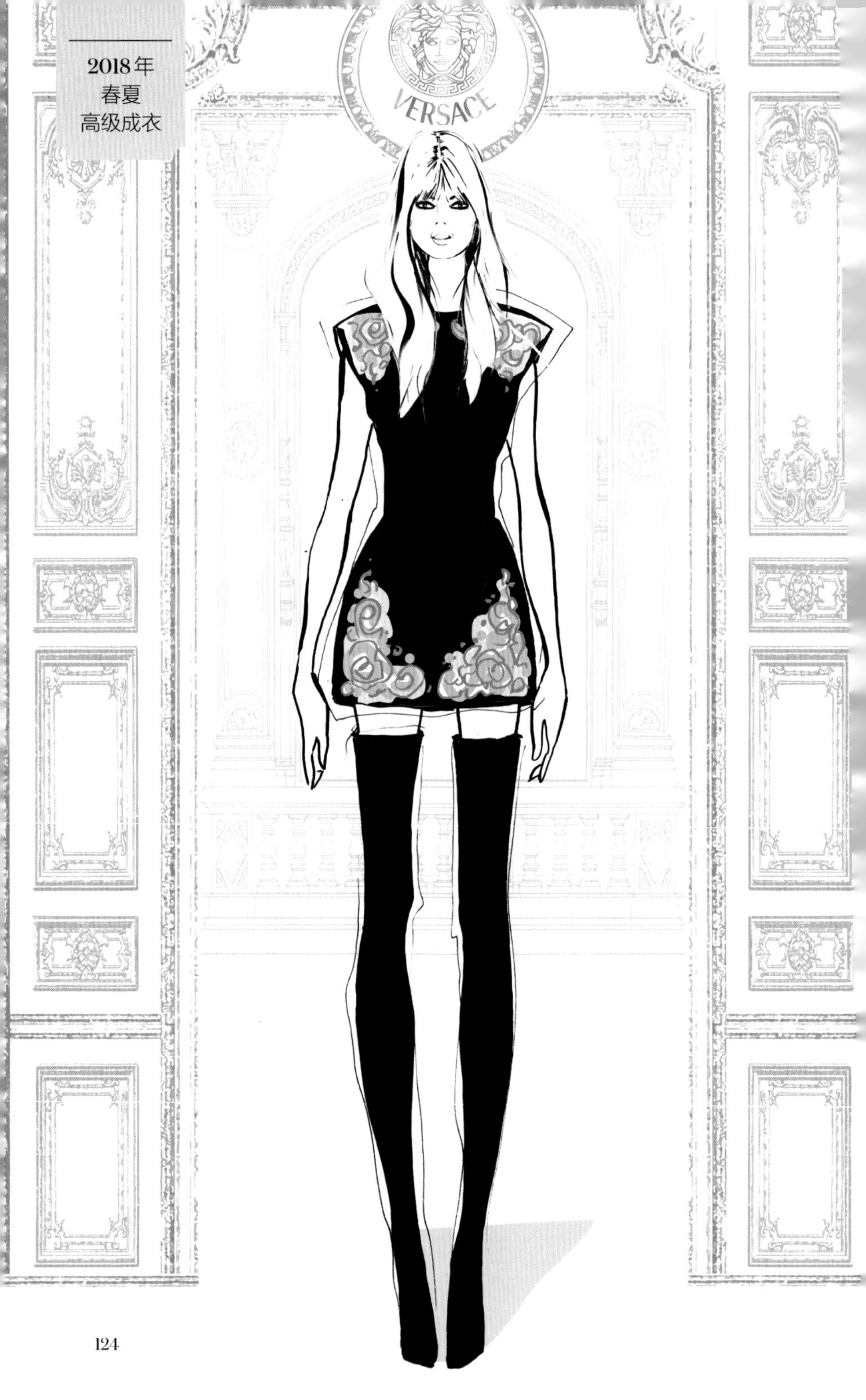
2018年
春夏
高级成衣
VERSACE

VERSACE

2018年
春夏
高级成衣
VERSACE

VERSACE

08

璞琪

EMILIO PUCCI

EMILIO PUCCI
EMILIO PUCCI

EMILIO PUCCI

璞琪（Emilio Pucci）是个独一无二的品牌，我喜欢这个意大利品牌纯粹的原创性。直至今天，品牌设计师们依然在传承创始人埃米利奥·璞琪的印花设计，并在其基础上为现代女性做出全新的诠释。虽然璞琪的时装色彩绚丽，但它对色彩的运用恰如其分，并非滥用。当然，璞琪本人也极具天赋，他的才华并不只局限于时尚领域，他是一位真正具有文艺复兴精神的人。

1914年，埃米利奥·璞琪出生于意大利贵族家庭。他每天过着醉生梦死的生活，慢慢地，他觉得应当利用自身优势成就一番事业，而非虚度光阴。

谈到高级时尚，我们通常不会想到滑雪，但璞琪的成功却与滑雪息息相关。璞琪是一名优秀的滑雪运动员，还是意大利奥林匹克滑雪队的队员，并凭借滑雪获得奖学金，进入美国的大学学习。在美国上学的时候，由于不满意市面上在售的滑雪服，他便自己为团队设计滑雪服，这是他第一次涉足服装设计。在璞琪看来，滑雪也需要赏心悦目，即便在雪地里，着装也马虎不得。

第二次世界大战期间，璞琪还加入了空军。如此，在同时拥有贵族血统、国家运动

今天休闲装的流行可能还是源于我的推动，我总喜欢做休闲装，我认为在正式场合也可以穿着休闲装。面料经过剪裁、缝制，便可以与人浑然一体，随人所行。

——埃米利奥·璞琪（Emilio Pucci）

员、军人的多重身份的情况下，璞琪的名声大振，在上流社会中叱咤一时。

战争之后，璞琪找到了一份滑雪教练的工作，并且继续着滑雪服的设计。他想要更加时尚的款式，设计出了一款带帽羽绒滑雪服，搭配上定制的滑雪裤，非常经典。

一次偶然的机会，璞琪和他的滑雪服走上了国际舞台。1947年，璞琪设计的滑雪服登上了《时尚芭莎》（*Harpper's Bazaar*），照片上的女模特穿着时尚、色彩明艳的滑雪服，让人眼前一亮。这组照片刊登后吸引了时尚界的注意，璞琪在得到各方面的支持后，决定以欧洲冬季的故事为主题，设计一个滑雪服系列。1948年，璞琪的第一个滑雪服系列面世。

1951年，璞琪的首个时装秀在佛罗伦萨的皮蒂宫（Palazzo Pitti）上演。在横渡大西洋前来参加时装秀的客户中，有美国高端百货尼曼·马库斯（Neiman Marcus）的掌门人斯坦利·马库斯（Stanley Marcus），他对璞琪的设计一见倾心，并鼓励他从设计滑雪服转向设计高级成衣。

璞琪的设计充满了大胆的色彩和迷幻的印花，这正是战争后时尚界所需要的东西。他摒弃了那个时代流行的传统束身服饰，根据女性身材的自然线条剪裁，设计出了能够解放女性身体的宽松款式。

璞琪还为习惯了“空中飞人”生活方式的女性设计了旅行、度假服装，引领了运动时尚。20世纪50年代，璞琪在卡普里岛上开设了第一家店面，他的设计也开始具有地域风情，比如设计适合岛上生活的服饰。索菲娅·罗兰（Sophia Loren）和玛丽莲·梦露（Marilyn Monroe）喜欢穿的紧身卡普里裤（七分裤）就是璞琪在这一阶段的标志性作品。他用弹力丝、棉和针织布料设计出适合旅行、不起褶皱的衣服，甚至还为飞机上的工作人员设计了制服。布拉尼夫国际航空公司（Braniff International Airways）非常喜欢他设计的制服，还制作了一套特别版的芭比套装作为永久纪念。

尽管璞琪的经典造型非常简单，但服装上的图案并不简单。凭借繁杂生动的图形和抽象的图案，搭配海蓝、天蓝、紫红、向日葵黄、橄榄绿和橙色等色彩，璞琪获得了“印花王子”之名。璞琪还受旅行中的见闻启发，从非洲、亚洲的风景中汲取了灵感。同时，海滨度假小镇的风情和文艺复兴时期的经典作品也对他影响很大，凭借这些，他做出了绚烂且永恒的设计。

在我眼中，穿璞琪的女性是自由的、自信的、放松的，也是风趣的。她们是多面的、丰富的，也是极具灵性的。

——彼得·邓达斯（Peter Dundas）

璞琪最初设计的印花图案在他去世几十年后仍在使用。品牌历任创意总监，包括劳多米亚·璞琪（Laudomia Pucci）、克里斯蒂安·拉克鲁瓦（Christian Lacroix）、胡里奥·埃斯帕达（Julio Espada）、彼得·邓达斯（Peter Dundas）和马西莫·焦尔杰蒂（Massimo Giorgetti）等，都让璞琪那五彩缤纷的设计如旗帜一般屹立飘扬。

2018年春夏高级成衣系列中，穿着印有璞琪经典图案的优雅礼服的模特穿梭于特殊T台之上，丝绸裙搭配的不是高跟鞋和手包，而是配套的泳池毛巾和滑梯。劳多米亚·璞琪在谈到这个系列时说："外出度假所需要的全部东西都在这里了。"令人不得不赞叹的是，璞琪似有一种神秘的力量，让历任设计师始终坚持着它最初的风格：从运动到宴会，将度假的生活方式贯彻到极致。

我有一件非常喜欢的璞琪衣服，上面印有蓝色、粉色和黑色的迷幻漩涡图案，这是我买的第一件长袍，是我20多岁时在伦敦购买的。虽然我得攒一阵钱才能买下它，但我告诉自己，璞琪的图案永不过时。直到现在，每次去热带度假，我都会带上它。

EMILIO PUCCI
2007年
春夏
高级成衣

EMILIO PUCCI
2011年
春夏
高级成衣

EMILIO PUCCI
2012年
春夏
高级成衣

2013年
秋冬
高级成衣
EMILIO PUCCI

EMILIO PUCCI
2018年
春夏
高级成衣

09

华伦天奴

VALENTINO

VALENTINO

VALENTINO
GARAVANI

忘记那些邋里邋遢的样子，乱七八糟的样子吧！我希望女孩子不管走到哪里，都有人回过头来对她说：“你真是光彩照人！”

——华伦天奴·加拉瓦尼（Valentino Garavani）

红色！这是我听到“华伦天奴”（Valentino）这个名字时的第一反应。红色是浓郁的、优雅的，也是令人难忘的，就像这个品牌以及创立这个品牌的设计天才一样。华伦天奴·加拉瓦尼（Valentino Garavani）享誉全球，他是意大利最早涌现的高级时装设计大师之一，他的设计总是让我无可挑剔。在了解这位设计大师的成就时，我才明白真正的伟大来自一生勤耕不辍的努力。

1932年，华伦天奴出生于意大利伦巴第，他自小便清晰地明白自己想要成为什么样的人。长大后，他被舞台和大银屏吸引，好莱坞和意大利歌剧充满迷人的魅力，令他激动不已。那华丽的戏服，镶嵌着珠宝、刺绣的及地长裙，让华伦天奴非常震撼，他决心成为一名服装设计师。

不走弯路的人生极为少见，但华伦天奴从最开始就目标明确。学生时代，他便以“低微”的身份进入时尚圈，和姑姑罗莎（Rosa）一起去了家乡的一家裁缝店打工。后来，在上高中时，他选择学习时装设计和法语。因为成绩优异，他又被录取到鼎鼎大名的巴黎时装工会学校。

毕业后，华伦天奴与法国著名时装设计师让·德赛（Jean Dessès）共事。在布置橱窗与日常展览时的每一个空闲，华伦天奴都会抓紧时间练习手绘。后来，手绘成了他的鲜明特色，这些手绘草图也成了他设计的脚本。在德赛身边工作了12年后，华伦天奴与德赛成了朋友，还认识了著名设计师居伊·拉罗什（Guy Laroche）。20世纪60年代，在父母的鼓励下，他回意大利创办了自己的品牌。

华伦天奴的父母在其创业过程中发挥了很大的作用，为他提供了经济支持，让他的梦想成为现实。有过法国的学习及实践经验，华伦天奴并不甘心只是开一间普通的工作室，他花了一大笔钱建了一个沙龙，并将其装修成颓废风格，其内拥有展览室，他还聘请了很多模特。从这些做法来看，华伦天奴更像一位艺术家，而不像一个务实的商人。正因为此，华伦天奴的工作室差点儿破产。

1960年，在命运的安排下，华伦天奴遇到了一位名叫贾恩卡洛·贾梅蒂（Giancarlo Giammetti）的年轻学生，两人陷入爱河，成就了时尚界一段传奇佳话。贾梅蒂放下了自己的学业，帮助华伦天奴挽救他的生意，支持他完成毕生梦想。可以说，华伦天奴成为国际一线品牌，贾梅蒂功不可没。1962年，坚忍顽强的两人在佛罗伦萨的皮蒂宫（Palazzo Pitti）举办了华伦天奴的首个发布会，华伦天奴这位设计天才开始崭露头角。几年之后，他便成为全球公认的高级定制时装大师。

华伦天奴在国际上的崛起，很大程度上

得益于一位忠实顾客，她就是美国前第一夫人杰奎琳·肯尼迪（Jacqueline Kennedy）。有一次，杰奎琳因故无法出席华伦天奴在美国的时装秀，华伦天奴便携同模特及销售顾问，亲自送去一大箱子时装。从此，华伦天奴与杰奎琳便成为挚友。杰奎琳再婚时，华伦天奴还亲手设计了一款经典白色丝绸蕾丝婚纱，杰奎琳穿着这款婚纱嫁给了船王亚里士多德·奥纳西斯（Aristotle Onassis）。

以无微不至的优质服务来满足女性内心的渴望——即便是第一夫人，也同样拥有这种渴望——便是华伦天奴的品牌宗旨。华伦天奴以其精益求精的纯粹技艺，结合意大利的工艺水准，造就了令人过目不忘的顶级意大利时装。他通常会采用最为精致的面料，如丝绸、蕾丝、雪纺等，并将其缝制得天衣无缝，整体设计看起来考究又优雅。

华伦天奴以标新立异为自己打下了一片天地。他不喜欢流行的迷你裙和直筒连衣裙，更喜欢圆裙和舞会礼服，他的设计极具特色，常让人屏气凝神、翘首以盼。当然，热烈浓艳的“华伦天奴红”也成了品牌的代名词。这种最初用来做舞会礼服的颜色，如今仍在品牌的很多系列中占有一席之地。

华伦天奴带领品牌一往直前，他设计的礼服光彩夺目，是知名女星亮相红毯时的首选品牌。2007年，华伦天奴宣布自己将在完成最后几个大秀后退休，并我认为自己成绩卓著，几十年来，在设计时装这件事情上，我一直非常认真。

——华伦天奴·加拉瓦尼（Valentino Garavani）

将品牌接力棒传给亚历山德拉·法基内蒂（Alessandra Facchinetti）和费鲁乔·波佐尼（Ferruccio Pozzoni）。

法基内蒂和波佐尼在任不到一年，创意总监一职便换为玛丽亚·格拉齐亚·基乌里（Maria Grazia Chiuri）和皮耶尔保罗·皮乔利（Pierpaolo Piccioli）联合担任。彼时，基乌里和皮乔利这对默契的合作伙伴已共事近二十年，最初他们携手效力芬迪（Fendi），后来成为华伦天奴副线品牌的设计师。他们为华伦天奴带来了新鲜空气。

华伦天奴深受好评的"铆钉系列"便出自二人之手。虽然这种设计与华伦天奴一直以来的精致设计形成了鲜明对比，但我对这种漂亮的朋克风素来没有抵抗力。铆钉与蕾丝和透明硬纱的搭配浑然天成，铆钉包也是唯一一款我买了好几个颜色的包包，百搭的它们是我永远的心头好。

2016年，恰逢莎士比亚逝世400周年，莎翁的戏剧背景多为文艺复兴时期的意大利，华伦天奴便以2016年秋冬高级定制大秀向真正的文艺复兴大师（莎士比亚）致以崇高敬意。这一季的时装造型以伊丽莎白时代的服装为原型，包含褶皱、蓬松的袖子和带衬垫的紧身上衣等元素。这些元素看起来只适合舞台和银屏，并不适合平日穿着，因此，这个主题可能也只有华伦天奴这样一个戏剧化的品牌可以驾驭。

2012年
春夏
高级成衣
VALENTINO

VALENTINO

VALENTINO
2012年
春夏
高级成衣

VALENTINO

2013年
春夏
高级定制
VALENTINO

VALENTINO

VALENTINO
2016年
秋冬
高级定制

VALENTINO

VALENTINO
2017年
春夏
高级成衣

VALENTINO

作者简介

梅甘·赫斯（Megan Hess）注定与画结缘，她从平面设计起步，一步步成为世界领先设计品牌的艺术总监。2008年，赫斯为《纽约时报》（*New York Times*）的头号畅销书，坎达丝·布什内尔（Candace Bushnell）所著的《欲望都市》（*Sex and the City*）绘制了插图。此后，她又为迪奥（Dior）高级定制服饰系列、卡地亚（Cartier）和路易威登（Louis Vuitton）品牌绘制插图，还为米兰的普拉达（Prada）和芬迪（Fendi）做过动画，为纽约的波道夫·古德曼（Bergdorf Goodman）的橱窗画图，为伦敦的哈罗斯百货（Harrods）设计了胶囊包。

赫斯的作品还可以在全球限量版定制刊物以及家居用品上找到。香奈儿（Chanel）、迪奥、芬迪、蒂芙尼（Tiffany & Co.）、圣罗兰（Saint Laurent）、《Vogue服饰与美容》（*Vogue*）、《时尚芭莎》（*Harper's Bazaar*）、哈罗斯百货、卡地亚、巴尔曼（Balmain）、路易威登以及普拉达等都是她的客户。

她是七本畅销书的作者，也是欧特家顶级酒店（Oetker Masterpiece Hotel Collection）的全球常驻艺术家。如果她不在工作室里，那她就一定在巴黎，心怀着法国时装的梦想……

Megan Hess

GUCCI
VERSACE
EMILIO PUCCI
VALENTINO

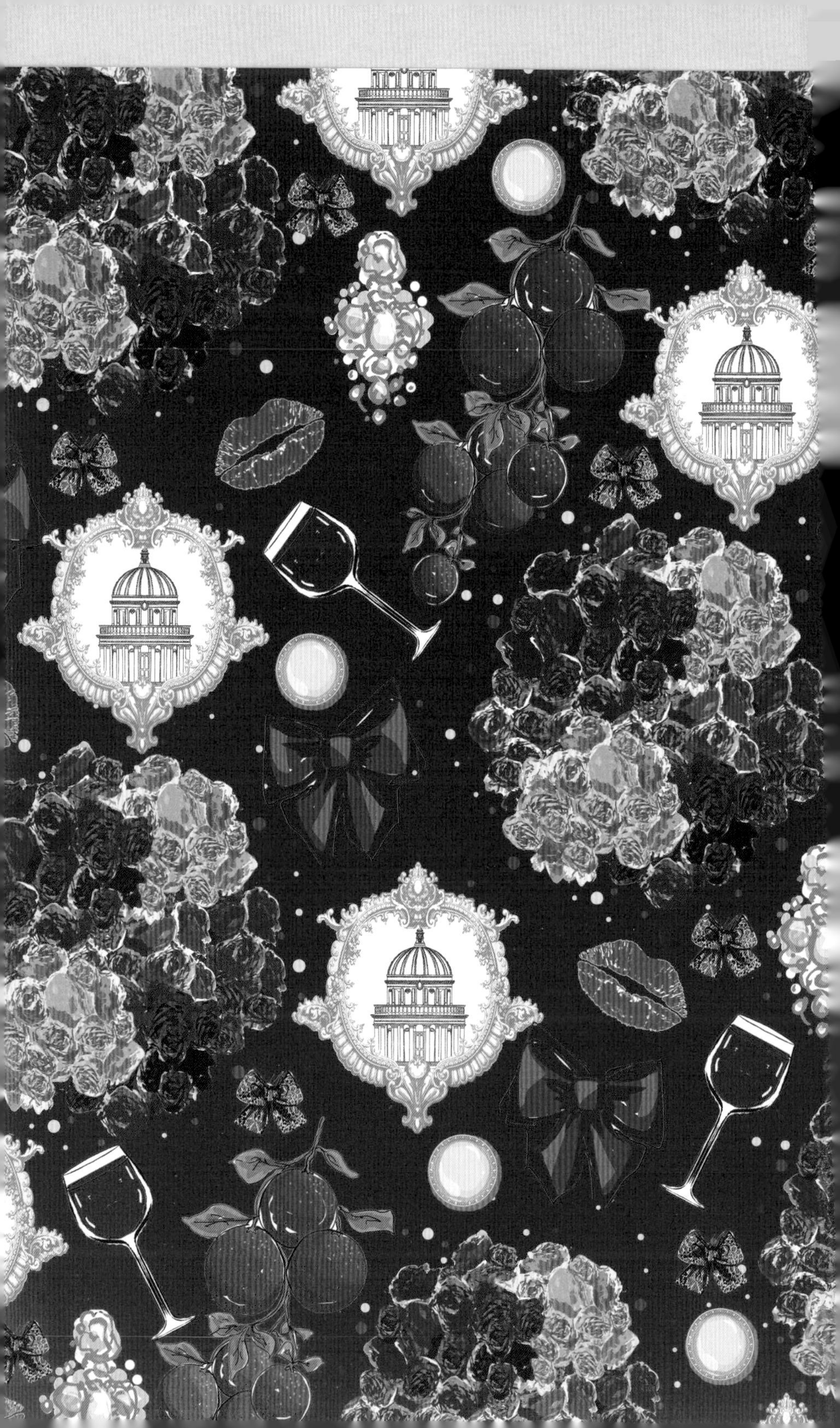